Einzelwirtschaftliche Abhandlungen
Herausgegeben von Dr. Friedrich Leitner
Professor der Betriebswirtschaftslehre an der Handels-Hochschule Berlin
Heft 5

Renaissance der Privatwirtschaftslehre

Von

Professor Dr. Friedrich Leitner

Berlin und Leipzig 1931
Walter de Gruyter & Co.
vormals G. J. Göschen'sche Verlagshandlung — J. Guttentag, Verlagsbuchhandlung — Georg Reimer — Karl J. Trübner — Veit & Comp.

Druck von Walter de Gruyter & Co., Berlin W 10

Inhaltsverzeichnis.

Vorbemerkung.

Ein Teil des Aufsatzes kam anläßlich der Rektoratsübernahme am 8. November 1930 zum Vortrag. Die Handels-Hochschule Berlin (eröffnet im W. S. 1906) trat mit dem W. S. 1930/31 in ihr 25. Lebensjahr. Seit 10 Jahren (Juli 1920) ist die Industrie- und Handelskammer Berlin Trägerin der finanziellen Fürsorge und Verwaltung. Sie hat, als Nachfolgerin der Korporation der Kaufmannschaft, die (erfolgreiche) Lösung des schwierigen Problems übernommen: als Interessenvertretung eine wissenschaftliche Einrichtung zu verwalten. Der historische Duktus der Rede war durch diese geschichtlichen Tatsachen gegeben. Rückblick und aufgezeigte Entwicklungsmöglichkeiten sind nicht vom beengten Blickpunkt des Fachvertreters aus geschrieben.

I.

Autonomie.

In der folgenden Darstellung will ich mich der Aufgabe unterziehen, das Werden des (etwa im letzten Vierteljahrhundert) Gewordenen zu umreißen, den heutigen Zustand der Privat- und Betriebswirtschaftslehre zu kritisieren und „zum konkreten geschichtlichen Bewußtsein der eigenen geistigen Situation"[1]) zu gelangen.

Als die Handels-Hochschulen in rascher Aufeinanderfolge aus dem Bedürfnis der Kaufherren nach akademischer Zweck- und Fachbildung ihres Nachwuchses heraus errichtet wurden — die erste in Leipzig 1898 in Anlehnung an die Handelslehranstalt — war die „Handelswissenschaft" eine Enzyklopädie, eine aus dem Lehr- und Unterrichtsbedürfnis erwachsene, zweckbestimmte Zusammenfassung diffuser Stoffgebiete. Die in kaufmännischen Unternehmungen angewandte Technik (Buchführung, kaufmännisches Rechnen, Briefwechsel, Kontorarbeiten; Übungs- und Musterkontor) war der Inhalt der nunmehr hochschulmäßig gelehrten Disziplin. Die Lehrer waren Professoren der Handelswissenschaft. Ihre Ahnenreihe führt nach dem süddeutschen Kulturkreis — Österreich und Schweiz —, in dem seit langem die Ausbildung tüchtiger Buchhalter und Rechner betrieben wurde: Robert Stern (in Leipzig 1898) und der Verfasser aus Wien (in Frankfurt a. M. 1903, in Berlin seit 1906), Johann Schär aus Zürich (in Berlin 1906). Der genius loci der ältesten Handels-Hochschule und ihre organisatorische Verbindung mit der vortrefflichen Handelslehranstalt in Leipzig waren einer wissenschaftlichen Förderung des Faches nicht günstig. Aber diese Hochschule wurde die Keimzelle eines akademischen Nachwuchses (heute die ältere Generation der Fachvertreter: Schmalenbach, Nicklisch, Großmann, Penndorf, Prion), der, zum Teil in anderen Wirkungskreisen, jenes Gemengsel von Wissensstoff beiseiteschob, die Eierschalen der „Wiener" Schule abstreifte und, in jahrelanger mühevoller Pionierarbeit, aus der Handelswissenschaft eine autonome Privat- und Betriebswirtschaftslehre in ihrer

---

[1]) Carl Schmitt, Hugo Preuß; Tübingen 1930. Heft 72 von: Recht und Staat in Geschichte und Gegenwart.

heutigen Gestaltung mitgeschaffen hat. Es wäre reizvoll zu untersuchen, inwieweit die Ausstrahlungen der geistigen Ahnenreihe in den späteren Arbeiten der ersten akademischen Lehrer der Handelswissenschaft erkennbar sind und sich auswirken, wie die Persönlichkeit im Kampf mit Überlieferungen Sieger geblieben ist[2]). Eine zeitlich geordnete Zusammenstellung der bedeutendsten literarischen Erscheinungen des Faches und ihrer Vertreter, etwa mit 1900 beginnend, würde, unter Berücksichtigung der Anfänge der deutschen Industrialisierung und der späteren gesamtwirtschaftlichen Entwicklung, dem künftigen Historiker des Faches ein Wegweiser sein können, die innere Entwicklung der Fachvertreter und des Faches aufzeigen.

Johann Friedrich Schär, der Verfasser der vielbenutzten „Kaufmännischen Unterrichtsstunden", gab, ungewollt, die Veranlassung zur Entstehung einer Privatwirtschaftslehre in neuzeitlicher Gestaltung. Er ließ 1911 eine (unvollendet gebliebene) „Handelsbetriebslehre" erscheinen, eine nationalökononisch fundierte Lehre vom Handelsbetrieb, die einen, man kann wohl sagen, kollektiven Kampftrieb bei den anderen Fachvertretern auslöste, eine Abwehr, die in einer mehr mengen- als gütemäßigen literarischen Auseinandersetzung über die Abgrenzung der Privatwirtschaftslehre von der Volkswirtschaftslehre (in den Jahren 1911—1913) sich niederschlug[3]). Schärs Schüler und Verehrer Schönitz (in: Weyermann-Schönitz, Die Grundlegung und Systematik einer wissenschaftlichen Privatwirtschaftslehre und ihre Pflege an Universitäten und Fachhochschulen, Karlsruhe 1912) verteidigte den „privatwirtschaftlichen Gesichtspunkt in der Sozialökonomie und Jurisprudenz". Beide Verfasser bauten für die keimende Privatwirtschaftslehre einen weitgespannten Rahmen, ohne ihn bildhaft zu füllen.

Während der Diskussion über die Frage, ob die noch ungeborene, nur in „Techniken" niederen Grades vorbereitete Privatwirtschaftslehre eine Teildisziplin der Volkswirtschaftslehre sei oder ein selbständiges Fach, erschien, zunächst als tastender Versuch einer Verselbständigung, die Allgemeine kaufmännische Betriebslehre als Privatwirtschaftslehre des Handels (und der Industrie) von Heinz Nicklisch (Leipzig 1912, I. und einziger Band). Der von den Handelswissenschaftslehrern des 18. und 19. Jahrhunderts übernommene enge Rahmen der Handelsbetriebslehre (im wesentlichen eine Betriebstechnik des Warenhandels) war gesprengt. Es entsteht eine „allgemeine" Betriebslehre kaufmännischer Unternehmungen und damit der Versuch, aus

---

[2]) Liebert, Die geistige Krisis der Gegenwart, 3. Aufl. Berlin 1924, S. 137.

[3]) Vgl. meine „Wirtschaftslehre", S. 20f.

der unendlichen und wandelbaren Vielheit der Erscheinungsformen erwerbswirtschaftlicher Betätigung das Gemeinsame und Bleibende festzustellen, das Typische zu systematisieren. Neben die altehrwürdige „Lehre von der Handlung" und die seit Jahrzehnten gepflegte Land- und Forstwirtschaftslehre — die von der aufstrebenden kaufmännischen Betriebslehre unbeachtet geblieben ist — tritt eine nach Selbständigkeit und Anerkennung ringende Privatwirtschaftslehre kaufmännischer Betriebe, die später durch eine Betriebslehre des Handwerks ergänzt wurde. Mit dem Aufkommen einer „allgemeinen" Betriebslehre wird die monographische Schilderung praktischen Lebens verlassen und der Weg frei für eine Morphologie, für ein Verstehen der Unternehmungen. In der Beschränkung auf kaufmännisch organisierte Unternehmungen, etwa im Sinne des ein „Handelsgewerbe" betreibenden Vollkaufmanns (§ 1 HGB.), liegt eine historisch verständliche Selbstbegrenzung, aber auch eine Verengung des Blickfeldes. Auch die verselbständigte Lehre ist keine universelle Einzelwirtschaftslehre, sie vernachlässigt, wie die Volkswirtschaftslehre, die privaten Haushaltswirtschaften.

Der Vorversuch von A. Emminghaus (Allgemeine Gewerkslehre, Berlin 1868), eine aus der Volkswirtschaftslehre abgeleitete angewandte und „allgemeine Gewerbslehre" der Gütererzeugung zu schaffen, „als ein System von Betriebsregeln, welche durch die Gesetze des Wirtschaftslebens zu begründen sind", hat keine nachhaltige literarische Wirkung ausgelöst. Schon Emminghaus nennt einen „rationellen" Betrieb einen Gewerbebetrieb, wenn „man ihn einrichtet nach gewissen, auf der klaren Erkenntnis von Gesetzen beruhenden, Grundsätzen". Und Nicklisch betont (a. a. O. S. 8): „Aus der Vergleichung der Ergebnisse ergeben sich gewisse Tendenzen in der Entwicklung privater Wirtschaften, die, in die Form von Sätzen oder Regeln gebracht, den Abschluß der Betriebslehre bilden, die ein System von Erkenntnissen sein soll."

Mit dem Aufkommen einer allgemeinen Betriebslehre ist der Weg bereitet für eine „theoretische", die das Allgemeine vom Besonderen, das Universelle vom Individuellen absondert und wissenschaftlich begründet; vorläufig zeigen sich nur vereinzelt Ansätze einer „theoretisierenden" Betriebslehre, die sich mehr und mehr von der empirischen Wirklichkeit entfernt. Das ist nicht etwa als ein Nachteil aufzufassen, meinen Weyermann-Schönitz (Grundlegung, S. 63 f.); der theoretische Privatökonom sollte sich bewußt sein, daß er nie Wirklichkeit bietet und zu bieten braucht! Die Entwicklung des Faches ist andere Wege gegangen.

Auch für die neuzeitliche Privatwirtschaftslehre war zunächst der Begriff der Rentabilität (der kapitalistischen Unternehmung) beherrschend. Er wird später, unter dem Einfluß der besonders in Nordamerika einsetzenden Sparsamkeit in der öffentlichen und privaten Wirtschaft sowie ihrem literarischen Niederschlag, zugunsten des Begriffes **Wirtschaftlichkeit** abgelöst, eine andere Umschreibung des ökonomischen Prinzips der Volkswirtschaftslehre. An die Stelle des erstrebten günstigen Verhältnisses zwischen Kapitalaufwand und Kapitalertrag tritt eine Größenordnung zwischen Aufwand und Leistung. Der Unternehmerprofit (aber nur dieser) gilt als suspekt, die **Gemeinwirtschaftlichkeit** wird in den Vordergrund geschoben. Das Einzelinteresse, das Interesse der Unternehmung an sich berührt die Betriebswirtschaftslehre nicht. Die gemeinwirtschaftliche, nicht die privatwirtschaftliche Wirtschaftlichkeit wird Richtung gebend. Diese Wirtschaftlichkeit wird darin gefunden, „daß nicht durch unwirtschaftliche Arbeit Güter verschwendet werden" (**Schmalenbach**, Grundlagen der Selbstkostenrechnung und Preispolitik, 2. Aufl. Leipzig 1925). In wessen Interesse liegt die Vermeidung einer Güterverschwendung? Was ist Gemeinwirtschaft? Woran wird die Gemeinwirtschaftlichkeit erkennbar und meßbar? Was ist gemeinwirtschaftlich nützlich oder schädlich? (Die gegenwärtigen deutschen Regierungen waren darüber in Unkenntnis, schreibt Schmalenbach 1925). Was soll mit den gemeinwirtschaftlichen Schädlingen geschehen?

Die Betriebswirtschaftslehre ist angewandte Wissenschaft, mit eigentümlichem Zweckdenken, einem Sachdenken, das sich in stärkstem Maße auf **kalkulatorischem Denken** aufbaut (Schmalenbach).

In dieser Denkrichtung steht der **isolierte Betrieb** im Mittelpunkt, die Marktverbundenheit und die zwischenbetrieblichen Beziehungen der Unternehmungen bleiben außer Betracht; Vermögens- und Kapitalaufbau, die Technik der Kapitalbeschaffung, die innenbetrieblichen Beziehungen von Vermögen und Kapital, das betriebliche Rechnungswesen, die Verwirtschaftlichung, das „Hineinhorchen in den Betrieb" sind die Zentralprobleme dieser Betriebswirtschaftslehre.

Die isolierende Betrachtung birgt die Gefahr mangelnder Kausalbetrachtung, die Gefahr, daß die außenwirtschaftlichen Ursachen bestimmter Vorgänge und Wirkungen nicht erkannt werden, weil man nur die innenbetrieblichen Wirkungen analysiert. Der „Betrieb" ist eine technische Einheit, keine spezifische Erscheinung unseres Wirtschaftssystems. Überschaut man den Inhalt jener allgemeinen Betriebslehre, findet man als Gegenstand ihrer Darstellung den Betrieb von Unternehmungen, nicht „Betriebe" schlechthin. Einen wesentlichen Bestandteil ihrer Lehre bildet die Erfolgsmessung, die technisch-rechnerische Ermittlung eines „vergleichbaren" Gewinnes (den **Schmalenbach** so stark in den Vordergrund schiebt, wobei es ungewiß bleibt, ob der Betriebsvergleich oder der kollektive Vergleich jene Vergleichbarkeit bestimmen soll), wofür bestimmte praktische Verfahrensregeln für die Wertungen gegeben werden. Die Messung von Aufwendungen, Kosten, Leistungen und Erfolg, ihre buch- und bilanztechnische Behandlung, die statistische, kontenmäßige und die sogenannte „mathematische" Auflösung in festen und beweglichen Aufwand, die betrieblichen Folgerungen aus den Messungen und Relationsverhältnissen beruhen stets auf bestimmten Verfahrenstechniken: Die Betriebswirtschaftslehre ist, wenn auch verhüllt, eine Verfahrenslehre geblieben.

Für den Inhaltswandel und die Entwicklungsrichtung des Faches, aber auch für den Zustand des Tastens und der Jugendhaftigkeit sind die Änderungen seines Namens kennzeichnend. Aus der „kaufmännischen Betriebslehre als Privatwirtschaftslehre des Handels (und der Industrie)" von Nicklisch 1912 — man beachte die Gleichstellung von Betriebslehre und Privatwirtschaftslehre — wird 1922 eine „Wirtschaftliche Betriebslehre", 1930 die „Betriebswirtschaft". Aus der „Privatwirtschaftslehre der Unternehmung" (Berlin 1919) des Verfassers wird 1926 eine „Wirtschaftslehre der Unternehmung". Auf Anregung Schmalenbachs wird nach der staatsrechtlichen Umbildung in Deutschland, zunächst ohne erkennbaren Widerspruch, aus dem Unterrichtsfach Privatwirtschaftslehre (an der Handels-Hochschule Mannheim „Einzelwirtschaftslehre") eine „Betriebswirtschaftslehre", teilweise mit Rücksicht darauf, daß man sich gewöhnt hatte, unter dem „privatwirtschaftlichen" Gesichtspunkt den Gesichtspunkt des Einzelinteresses zu verstehen[4]), während nunmehr der Gesichtspunkt der Gemeinwirtschaftlichkeit maßgebend sein soll: ein Glaubensbekenntnis, aus den Zeitumständen geboren. Der Glaube beginnt, wo die Sphäre des Wissens aufhört. Nach der deutschen Revolution 1918 glaubte man, daß das privatwirtschaftliche System durch ein gemeinwirtschaftliches abgelöst wird, ohne zu wissen, daß auch in einem solchen Wirtschaftssystem das Gewinnstreben nicht aufhört, daß auch ein organisierter sozialistischer Egoismus auf Vermögens- und Einkommensvermehrung bedacht ist. Nicht der „Profit" an sich ist für die Privatwirtschaft kennzeichnend, sondern eine andere Verteilung und seine Verwendung.

Gegen den gekennzeichneten Inhaltswandel der Privatwirtschaftslehre — genauer: der Einzelwirtschaftslehre von Erwerbswirtschaften, insbesondere den Unternehmungen — wendet sich neuerdings W. Rieger (Einführung in die Privatwirtschaftslehre, Nürnberg 1928; besser wäre die Bezeichnung Privatwirtschaftslehre der Unternehmung), unter

[4]) Schmalenbach, Grundlagen der Selbstkostenrechnung S. 1, Anmerkung. Eine andere Begründung bei M. R. Lehmann, Betriebswirtschaftslehre, Leipzig 1928, S. 13f.

Ablehnung des neuen Namens für das Fach, eine neue Aufschrift, gegen die nichts einzuwenden ist, weil sie der Verengung des Inhalts durchaus gerecht wird. Rieger stellt die mit den Märkten verflochtene Unternehmung und ihre Probleme der Rechnungslegung wieder in den Mittelpunkt; die Unternehmung ist eine rechnungsmäßig verselbständigte Erwerbswirtschaft, worauf schon Sombart mit Nachdruck hingewiesen hat. Die einzel- und gruppenwirtschaftlichen Wirtschaftsbetriebe sind ganz eindeutig auf Gewinn[5]) eingestellt, sind typische Erscheinungsformen des kapitalistischen Wirtschaftssystems, die Geldrechnung ist für sie charakteristisch. Unternehmungen in privater und öffentlicher Hand sind keine Wohltätigkeitsanstalten, auch den öffentlichen Betrieben ist das Gewinnstreben nicht unbekannt. Vielleicht werden bei ihnen die sozialen Aufgaben im Sinne der Kapitalbesitzer und Mitarbeiter besser erfüllt. Der „gesinnungstreu" aufgebaute Arbeits- und Verwaltungsapparat ist sicher nicht wirtschaftlicher.

Der Versuch einiger Betriebswirtschaftler der Inflationszeit, an die Stelle der Geldrechnung [durch Geldwertkorrektur nach verschiedenen Verfahren] eine Güter- oder Mengenrechnung (Kaufkraftmengenrechnung) zu setzen, kann endgültig als gescheitert angesehen werden. Die Vermögensseite der Jahresbilanz ist eine Kostenrechnung, keine Wertrechnung, noch viel weniger eine Kaufkraftrechnung. Der Beifall der steuerscheuen Unternehmer, geblendet durch die Theorie der nicht steuerpflichtigen Scheingewinne bei anormal sinkendem Geldwert und nominell steigenden Preisen, ist verklungen.

Markt- und Kapitalabhängigkeit, der Einfluß der saisonalen und konjunkturellen Schwankungen auf Betrieb und Unternehmung, die soziologischen Tatsachen kommen auch bei Rieger zu kurz. Sein Verdienst ist, die ideelle Verbindung mit der Sozialwirtschaftslehre wieder gefunden zu haben[6]).

Der Verfasser hat in seiner Privatwirtschaftslehre der Unternehmung (1919) versucht[7]), eine „allgemeine" Privatwirtschaftslehre kaufmännischer Unternehmungen zu schaffen (im Gegensatz zu den vorwiegend verfahrenstechnisch durchsetzten „besonderen" Betriebslehren einzelner Erwerbszweige), das Einheitliche und Typische der Wirtschaftsbetriebe zusammenzufassen und den Inhalt der in Unternehmungen auf-

[5]) Empfindsame Leser können an die Stelle des „Gewinnes" den „Ertrag" oder Erfolg setzen.

[6]) E. Preiser, Privatwirtschaftslehre, im Archiv für Sozialwissenschaft und Sozialpolitik, 63. Band, 2. Heft, 1930.

[7]) Vgl. meine Besprechung von R. Dietrich, Betrieb-Wissenschaft, München 1914, in der deutschen Literaturzeitung 1915, Nr. 24. Das Buch ist von den zünftigen Fachvertretern zu wenig gewürdigt worden.

tretenden Grundtatsachen begrifflich festzulegen (Vermögen, Kapital, Unternehmungskosten, Umsatz, Ertrag). Vom Rechnungswesen ausgehend sollen die inneren Beziehungen der wirksamen Kräfte, die privatwirtschaftliche Preis- und Wertbildung dargestellt werden. Die isolierte Betrachtung des Betriebes habe ich abgelehnt. Rechtliche und betriebstechnische Erörterungen halte ich für unerläßlich, insoweit Gesetz und Technik die Unternehmung gestaltend beeinflussen. Die innenbetrieblichen Erscheinungen, das Sein nach „Wie" und „Warum", das Seinsollen unter dem Gesichtspunkt der Wirtschaftlichkeit sind zu erforschen. Die Privatwirtschaftslehre wertet diese Erscheinungen vom subjektiven Unternehmerstandpunkt. Der „privatwirtschaftliche" Gesichtspunkt mag für die Sozialökonomik zu eng sein, für die Privatwirtschaftslehre ist diese Grundauffassung richtig. Er wird zwar von den gemeinwirtschaftlich eingestellten Betriebswirtschaftlern nicht anerkannt, aber in ihrem Unterbewußtsein ist auch er bestimmend. Ihre Wirtschaftlichkeit ist eine Relation unter privatwirtschaftlichen Gesichtspunkten; das Streben nach Wirtschaftlichkeit, der Betriebsvergleich beispielsweise werden als einzelwirtschaftliches Interesse erörtert[8]).

Die äußere Verbundenheit von Betrieb und Unternehmung mit den Märkten findet in den Erwerbswirtschaften ihren Niederschlag in den Preisen der hereingenommenen Güter und Leistungen (Unternehmungskosten) sowie in den Preisen der dem Markt zur Verfügung gestellten Betriebsleistungen. Zwischen den beiden Polen Eingangspreise = Unternehmungskosten und Ausgangspreise = marktwirtschaftlicher Erlös liegen die betriebswirtschaftliche Umwertung und die Bezifferung der inneren Wirtschaftsvorgänge, die in Geld, nach Zeit, Raum und anderen Merkmalen gemessen werden. Das Ergebnis ist ein Einkommen, ein Vermögenszuwachs oder ein Vermögensverlust.

Mit der Erkenntnis der Vorgänge als Abfolge rein mechanischer Vorgänge[9]) untrennbar verbunden ist die W e r t u n g, ein notwendiges Korrelat der ziffermäßigen Festhaltung jener Vorgänge. Die Verursachung von Aufwendungen und Kosten wird betrieblich-kausal gewertet, sinnvolle und sinnlose Wirtschaftsführung werden kritisch durchleuchtet. Die Buchführung und die Errechnung der „Selbst"-Kosten einer Einheit sind „wertfreie" Wirtschaftsgeschichte einer Unternehmung in Zahlen. Die kausal-analytischen Untersuchungen beschränken sich auf die Aufhellung von innenbetrieblichen Ursachen und Wirkungen. Für das

---

[8]) Vgl. L e h m a n n, Die Wirtschaftlichkeit des Betriebes und der Unternehmung, Nürnberg 1928.

[9]) O. S p a n n, Die Krisis in der Volkswirtschaftslehre, München 1930, S. 11.

betriebliche Sein und Seinsollen werden bestimmte Regeln[10]) aufgestellt, sei es durch Vergleichung mit einem Wirtschaftsplan, mit Normalzahlen, sei es durch branchenmäßig ermittelte Standardziffern.

Jede Wissenschaft arbeitet mit einer ihr eigentümlichen Begriffsbildung[11]). Junge Disziplinen haben häufig mit der schöpferischen Fachsprache ihrer Vertreter zu kämpfen, die zu einer „Kunst"-Sprache ausarten kann und dann vom Leser nur mit Hilfe eines Sachregisters mit Worterklärung verstanden werden kann. Noch schlimmer, wenn ein Autor demselben Begriff mehrere Begriffsinhalte gibt. Über Begriffsformulierungen nach dem Schema „Gewinn ist..." oder „Kosten sind..." wird eine Einigung nicht erzielt werden können. Auch in unserem Fach gibt es Ausdrücke, die jedermann gebraucht und versteht, ohne ihren begrifflichen Inhalt definieren zu können; er ist offenbar und braucht nicht umschrieben zu werden. Einige Vorarbeiten zur Vereinheitlichung der Fachsprache waren erfolgreich[12]), andere Versuche sind im Werden, wie ich wünschen möchte, unter Berücksichtigung vorhandener und eingebürgerter Begriffe der Rechtswissenschaft und der Volkswirtschaftslehre.

Die zuletzt von Rieger betonte Unterscheidung zwischen Betriebs- und Privatwirtschaftslehre ist, nach dem heutigen Zustand, eine contradictio in adjecto, ein Fehler im Beiwort. Der Sinn („letzthin der Schöpfer aller Erscheinungen"[13]), ein den Tatsachen übergeordnetes Seinsollen) des Wirtschaftslebens liegt im Diesseits, ist eine subjektive Kategorie. Wirtschaften ist eine Wertungsbeziehung des Menschen zu den Objekten seiner Bedürfnisbefriedigung. Der empirische Sinn eines Werkbetriebes (in der Sombartschen Auffassung) ist ein Sacherfolg unter dem Gesichtspunkt der Wirtschaftlichkeit; der Sinn des Wirtschaftsbetriebes ist ein Gelderfolg, ist Rentabilität, ein positives Verhältnis zwischen Kapitalaufwand und Kapitalertrag. Bei den gruppenwirtschaftlichen Unternehmungen können Verlagerungen des wirtschaftlichen Erfolgs eintreten in der Richtung der Dach-, Finanzierungs-, Verkaufs- oder Holdinggesellschaft, sie können auch nur zentralisierte Verursachung jenes Erfolges sein, der bei den Gliedern der Gruppe in Erscheinung tritt. Die Wirtschaftslehre hat stets das Ratio-

10) Nicht „Gesetze"; vgl. Gerstner, Betriebs-Analyse, Berlin 1928, wo 33 Gesetze aufgestellt werden, „ohne erschöpfend zu sein" (S. 224 f.).

11) Über Begriffsbildung im allgemeinen vgl. Sombart, Die drei Nationalökonomien, München 1930, S. 238 f.

12) Z. B. Grundplan der Selbstkostenberechnung des VDJ und VDMA. Es ist bemerkenswert, daß Ingenieure und Techniker mit großem Eifer und gutem Erfolg an der betriebswirtschaftlichen Forschungsarbeit sich beteiligen.

13) Liebert, Zur Kritik der Gegenwart, S. 51.

nale und Empirische des Wirtschaftens zum Gegenstand: die Betriebswirtschaftslehre die durch die Zeitverhältnisse stärker in den Vordergrund gerückte Wirtschaftlichkeit, die Privatwirtschaftslehre den seit Beginn der kapitalistischen Wirtschaft bekannten Ertrag. Das Ertragsstreben ist älter als das Streben nach Wirtschaftlichkeit, der Rentabilitäts- oder Ertragsbegriff ist umfassender, positiv; beide Begriffe stützen sich auf eine Vergleichung und auf Werturteile.

Die Synthese beider Lehren liegt nahe. Die Betriebs- und die Privatwirtschaftslehre beschäftigen sich mit der zeit- und raumgebundenen Wirklichkeit. Im Innern des Betriebes wirken Kräfte, die nach außen, auf den Märkten, nicht oder nur mittelbar in Erscheinung treten. Die von außen hereinkommenden marktwirtschaftlichen Einflüsse, staatliche Eingriffe, Rechtsnormen, Verkehrsgewohnheiten und korporative Vereinbarungen wirken auf die Wirtschafts- und Werkbetriebe. Die Privatökonomik ist umfassender und schließt den inneren Betrieb ein. Mit Terhalle[14]) bin ich der Meinung, daß es sich in dieser vereinheitlichten Lehre stets um Fragen der Organisation und des Rechnungswesens handelt. Die Untergliederung einer allgemeinen Wirtschaftslehre der Erwerbswirtschaften könnte dem folgenden Schema der elementaren Grundlagen folgen:

I. Lehre von der Organisation (der Betriebe und der Unternehmungen)
 a) des inneren Betriebes (Betriebslehre),
 b) der außenwirtschaftlichen Verkehrsbeziehungen (Verkehrslehre).

II. Lehre vom Rechnungswesen.
 eigentümliche einzelwirtschaftliche Forschungsmethoden {
 a) Buchführung und Bilanzlehre (Zustand, Werteumlauf, Ergebnisse),
 b) Kalkulationslehre (Zurechnung von Aufwendungen und Kosten),
 }
 c) Betriebs- und Unternehmungsstatistik (rezipierte Forschungsmethode),
 d) Wirtschaftsplanung (von der Staatswirtschaftslehre übernommen).

Für wechselnde didaktische Bedürfnisse ist jede Zusammenstellung der Elemente möglich. Darbietung und Stoffauswahl für Juristen, Volkswirtschaftler und Techniker werden anders geartet sein müssen wie an kaufmännischen Fachhochschulen. Die Erörterung der Wesens-

[14]) Handwörterbuch der Staatswissenschaften, 4. Aufl. Artikel „Privatwirtschaftslehre".

seite ist der wissenschaftliche sinnbezogene Inhalt der allgemeinen Privatwirtschaftslehre, die auch die Methoden der Tatsachenermittlung und Tatsachensammlung aufzeigt (Isolierung, Typenbildung, hier Betriebstypologie, Vergleichung). Die Darstellung der Verfahrensseite ist technische Kunstlehre und Inhalt der besonderen Techniken. Das funktionale und das kausale Denken der privatwirtschaftlichen Betrachtung ist mit dem kalkulatorischen Zweckdenken der neuzeitlichen Betriebslehre verschmolzen.

Wie die ganze Nationalökonomie nichts anderes als eine allgemeine Preislehre geworden ist[15]), so steht die einzelwirtschaftliche Kostenlehre zur Zeit im Mittelpunkt des betriebswirtschaftlichen Schrifttums, des schöpferischen und des nachschreibenden. Die „Theorie des Betriebes" ist bislang nur eine Theorie der Kosten und ihrer Errechnung.

Die Betriebswirtschaftslehre ist eine positive (nicht eine abstrakte), nüchterne, sachliche, d. h. unpolitische Tatsachenforschung, rational, ohne Hypothesen. Sie hat eine gewaltige Masse empirisch-tatsächlichen Stoffes zusammengetragen, die Erkenntnis des inneren Betriebslebens erweitert, die Untersuchungsmethoden verfeinert. Dieser rationalistische Positivismus kann auf die Dauer nicht befriedigen. Der Zerlegung des Betriebslebens in Elemente, der Auffassung des Betriebes als einer Summe solcher Elemente fehlt die Erkenntnis, daß der Betrieb (auch die Unternehmung) Teil eines übergeordneten Ganzen ist. Jede Einzelwirtschaft gehört einem Zusammenhang an, sie ist in gewissen Grenzen determiniert. Es gibt neben der betrieblichen Kausalität eine außerbetriebliche Überkausalität, die mit ihrer Gesetzmäßigkeit die Freiheit des Betriebslebens bindet. Ein Neubau der allgemeinen Wirtschaftslehre kann an den tatsächlichen Erscheinungen dieser Unfreiheit, an den gesellschaftlichen Bindungen, staatlichen Eingriffen in das wirtschaftliche Selbstbestimmungsrecht nicht vorbeigehen. Die Möglichkeit der Mitbestimmung und Gestaltung wirtschaftlicher Erscheinungen von der Einzelwirtschaft oder von Gruppenunternehmungen her[16]) (z. B. Preisdiktatur, Stabilisierungsversuche, marketing operation), ihre betrieblichen Voraussetzungen und Wirkungen müssen in den Kreis der Erörterungen einbezogen werden.

---

[15]) Nach O. Spann, Krisis der Volkswirtschaftslehre, S. 27.

[16]) Vgl. M. J. Bonn, Das Schicksal des deutschen Kapitalismus, Berlin 1930.

II.

Autarkie.

Mit der inneren Entwicklung der Betriebswirtschaftslehre und dem Gesinnungswandel — Wirtschaftlichkeit als Kernproblem — zeigt sich eine Erscheinung, die ich als geistige Autarkie[17]), als Selbstgenugsamkeit bezeichnen will. Der „Betrieb" als Ding an sich und als absolute Erscheinung wird mit einzelwirtschaftlichen Methoden untersucht, isoliert, ohne Beziehung zu den gesamtwirtschaftlichen, gesellschaftlichen und rechtlichen Bedingtheiten des „Betreibens" einer Wirtschaft. Den Anfang dieser Entwicklung finde ich in der (beiläufigen) Formulierung der „kaufmännischen Betriebslehre" als einer „Beschreibung der Erkenntnistatsachen, Vorgänge und Zustände innerhalb des Betriebes (von mir gesperrt) der Einzelwirtschaft[18]). Die inneren Kräfte und Spannungen, der innenbetriebliche Werteumlauf werden in den Mittelpunkt gestellt. Eine Fortsetzung dieser „Richtung" findet sich in dem von der Schmalenbach-Schule besonders gepflegten kalkulatorischen Denken.

Geistiger Einsamkeit fehlt die Befruchtung, „im engen Kreis verengert sich der Sinn". Das Urteil für die Relativität des eigenen Wesens und Geistes wird getrübt, die Selbstkritik beeinträchtigt, die Eigenbrödelei blüht. Der „Betrieb" als Objekt wirtschaftswissenschaftlicher Forschung ist verhältnismäßig beschränkt, der Brunnen der Erkenntnis seines Wesens ist nicht tief und bald ausgeschöpft. Die betriebswirtschaftlichen Erkenntnisse haben heute schon einen Sättigungsgrad erreicht, der nur noch unwesentliche Fortschritte und Wiederholungen bringen kann. Auch die Betriebswirtschaftslehre muß auf dem „sinnvollen Verstehen der Ganzheit" der Gesamtwirtschaft beruhen. Das Geschehen im Rahmen der volkswirtschaftlichen Verkehrswirtschaft schlägt sich auch im Eigenleben der Einzelwirtschaft nieder, die Marktgestaltung mit ihrem wichtigsten Ergebnis, der Preisbildung, dann der Ablauf des Marktes

---

[17]) O. Spann, Gesellschaftslehre, 3. Aufl., Leipzig 1930, S. 68 f.

[18]) Nicklisch, Allgemeine Betriebslehre, 1912, S. 7.

und der Untermärkte (die Konjunktur der Beschaffungs- und der Absatzmärkte) finden einen ziffermäßigen Ausdruck ihres Einflusses auf Betrieb und Unternehmung in deren Büchern. Die Buchführung und die Zusammenfassung in den periodischen Vermögens- und Erfolgsnachweisen sind eine untheoretische, wenn auch problematische Beschreibung und mechanische Zusammenstellung von einzelwirtschaftlichen Tatsachen, die erst durch Kausalanalyse und sinnvolles Verstehen der Gesamtwirtschaft ein auch volkswirtschaftlich interessantes Leben und einen gesamtwirtschaftlich bedeutungsvollen Inhalt erlangen. Durch die Verbindung der geschichtlichen Tatsachen (die in der Erwerbswirtschaft in Einnahmen- und Ausgabenziffern, Aufwendungen und Ertrag münden) mit theoretischer und systematischer Einsicht und Forschung könnte eine lebensvolle „Theorie des Betriebes" geschaffen werden, ohne Konstruktionen, ohne „Gesetze", ohne philosophische Plattitüden.

Das Privatrecht als kodifizierte Gewohnheit eines Volkes oder eines Standes schützt bestimmte wirtschaftliche Interessen, greift mitunter normativ in das Wirtschaftsgetriebe ein, hemmend und fördernd. Das Arbeitsrecht gestaltet den „Betrieb", das Bank- und Börsenrecht gestaltet die Betriebstechnik des Geld- und Kapitalhandels, das Steuerrecht beeinflußt Bilanz- und Erfolgsrechnung, die einzelwirtschaftliche Kapitalbildung.

Die geistige Autarkie, von der ich oben sprach, liegt zum Teil in der erstaunlich schnellen hochschulpolitischen Anerkennung des Faches, die seiner inneren Entwicklung, seinem organischen Wachsen als Ganzheit nicht immer förderlich war. Die Unentwickeltheit des Ganzen, die Uneinigkeit der Fachvertreter, der Umfang des geistigen Neulandes, der Blick auf Einzelheiten von geringerer Bedeutung sind Wurzeln des heutigen geistigen Zustandes.

Es scheint mir an der Zeit zu sein, den selbstgezogenen magischen Kreis um die Betriebswirtschaftslehre zu sprengen, die geistige Selbstgenugsamkeit und Vereinsamung aufzugeben, den literarischen Betrieb einzuschränken und das Blickfeld zu weiten durch Erforschung von Entwicklungsreihen und Zusammenhängen mit der Gesamtwirtschaft und der Gesellschaft. Die „Betriebstechnik" ist beschreibend, sie verfolgt die wechselnden Erscheinungen des Verfahrens und der Handgriffe, ihr wissenschaftlicher Inhalt ist organisatorischer Natur. Die Wechselbeziehungen zwischen Betrieb, Unternehmung und der Rechtsentwicklung dürfen nicht negiert, sie müssen gepflegt werden. Die betrieblichen Fundamente des Steuerrechts sind Objekt betriebs- und privatwirtschaftlicher Untersuchungen. In der deutschen Volkswirtschaftslehre ist mancherlei auf seine einzelwirtschaftliche Stichhaltigkeit zu prüfen; ich denke z. B.

an den verheerenden Einfluß der Grenznutzenlehre auf betriebswirtschaftliche Vorstellungen.

Die Problematik des Betriebes ergibt sich nur zum Teil aus dem Eigenleben einer Einzelwirtschaft[19]), zum Teil aber aus ihrer Eingliederung in die Gesamtwirtschaft. Es gibt auch im Betriebsleben Geheimnisse, „die schwer zu lösen sind, weil sie so offenbar sind". Ich möchte weder eine betriebstechnische noch eine juristische oder eine sozialwirtschaftlich überstrichene Privatwirtschaftslehre, wie ich eine nur Probleme behandelnde theoretische ablehne, wenn sie wirklichkeitsfremde Theorien um der Theorie willen, im reinen Äther, aufstellt. Ich will an die Stelle autarkischer Ausgliederung eine organische Eingliederung in den Kreis des wirtschaftswissenschaftlichen Gesamtbaus. Vom Betrieb und von der Unternehmung aus gesehen sollen die gesamtwirtschaftliche, die rechtliche Verfassung und die gesellschaftlichen Zustände in ihren Ausstrahlungen auf die erwerbswirtschaftliche Einzelwirtschaft ursächlich, wirkend und maßstäblich, untersucht werden. Einen autarken einsiedlerischen Betrieb gibt es nicht.

Zur geistigen Selbstgenugsamkeit des Faches tritt vielfach ergänzend ein persönliches „Sich-selbst-Genugsein": ein hochmütiges Nichtkennen-wollen alles dessen, was andere früher oder anderwärts geschaffen haben[20]), ein ödes „Sich-selbst-Zitieren". Versuche der älteren Generation, ein causa dicta est zu erzwingen, scheiterte an der Selbständigkeit des jüngeren akademischen Nachwuchses.

Die Betriebswirtschaftslehre in ihrer heutigen Verfassung geht immer noch vorzugsweise von der Individualwirtschaft aus, von den einzelnen Gliedern. Sie behandelt die Mittel und die Mittelbeschaffung für die Ziele der erwerbswirtschaftlichen Einzelwirtschaft, egozentrisch, individualistisch zweckhaft eingestellt. Betrieb und Unternehmung werden als Zweckgebilde mit einem Eigenleben betrachtet. Der „Verkehr" (auf „Verträgen" beruhend, wie Geld-, Kapital- und Zahlungsverkehr, außenwirtschaftliche Güterbewegung usw.) mit den Mittelbeschaffungsmärkten und den Bedarfsdeckungsmärkten sowie mit anderen erwerbswirtschaftlichen Gebilden werden „technisch" dargestellt.

Allmählich, aber merkbar und wirksam, durch die deutsche Kriegswirtschaft mit ihren Zwangssyndikaten, Preis- und Lieferungsgemeinschaften sowie durch die wirtschaftlichen Folgen des Weltkrieges mächtig gefördert, vollzieht sich ein Übergang von der Individual- zur Grup-

---

[19]) Über die aktive und passive Seite der Einzelwirtschaft, vgl. A. Wagner, Grundlegung der politischen Ökonomie. 3. Aufl., I¹ Leipzig 1892, S. 369 f.

[20]) Schumacher, Aus fünfzig Jahren deutscher Wissenschaft, S. 150.

penwirtschaft. Die Gruppenbildung erfolgt nach Berufsarten und Geschäftszweigen, nach der Stellung der Erwerbswirtschaften im volkswirtschaftlichen Produktions- und Verteilungsprozeß. Gruppen niedriger Ordnung sind horizontal und funktional aufgebaut (z. B. Lederhändler, Maschinenbauanstalten, Einzelhandel, Privatbankiers, leitende Angestellte), Gruppen höherer Ordnung sind vertikal gegliedert, sind Gruppenkomplexe und Zusammenfassung verschiedener Gruppen niedriger Ordnung (z. B. Metallindustrie, Eisen verarbeitende Industrie, Bedingungsgemeinschaften des Bank- und Bankiergewerbes). Die einzelwirtschaftlichen Interessen der Glieder werden organisatorisch zusammengefaßt, das Kollektivinteresse ist das „allgemeine" der Gruppen, Sonderinteressen der Gruppenglieder bleiben Vorbehaltsgut.

Betriebswirtschaftlich bedeutsam sind die Bestrebungen, das Rechnungswesen gruppenweise zu vereinheitlichen: Einheitsbuchführung, Vereinheitlichung des Gerüstes der Kostenrechnungen, Normung der Betriebsstatistik, Formblätter für Bilanzen[21]). Privatwirtschaftlich interessant sind die Beziehungen der Gruppenmitglieder zur Gruppe — nicht nur die rechnungsmäßigen —, ihre Gebundenheit und Bindungen in der Wirtschaftsführung, aber auch die „Kollektivtriebe" der Gruppenleitung gegenüber ihren Mitgliedern, die Formen der Gruppenbildung und ihre Machtmittel (grundsätzlich und wesensanalytisch).

Betrieb und Unternehmung werden, freiwillig oder gezwungen, zweckhafte Glieder eines Teilganzen. Die theoretische Beschäftigung mit den Motiven, Herrschaftsmitteln, Formen und Wirkungen auf Betrieb und Unternehmung wurden einzelwirtschaftlich kaum untersucht. Die Betonung der Kostenlehre als Kernproblem der Betriebswirtschaftslehre hat auch eine Vernachlässigung der Leistungsseite zur Folge gehabt. Die betrieblichen und die marktwirtschaftlichen Leistungen werden bislang unter dem Gesichtspunkt der Wirtschaftlichkeit und der Rentabilität, des Kosten- und des Betriebsvergleichs, also immer nur nach ihrer einzelwirtschaftlichen Zweckmäßigkeit gemessen und gewertet. Auch die marktwirtschaftliche Determinierung, die Marktabhängigkeit der Kosten jener Leistungen bleiben unbeachtet, obgleich es eine praktische Aufgabe einer „Betriebstheorie" wäre, zu zeigen, wie trotz der vorbelastenden Unfreiheit gegenüber der autonomen Marktpreisbildung für die Zweckmittel des Betriebes die Wirtschaftsführung in den Stand gesetzt wird, zu einem befriedigenden Sach- oder Gelderfolg zu kommen, wie man trotz der Gebundenheit vernunftmäßig und zweckorientiert wirtschaftet.

---

21) Vgl. Jahresbericht des Reichskuratoriums für Wirtschaftlichkeit 1929.

III.

Spezialisierung.

Die Betriebe der volkswirtschaftlichen Produktion und der Verteilung werden in Lehre und Schrifttum unseres Faches in „spezielle" Betriebslehren der Industrie, des Warenhandels, der Banken, der Versicherungsanstalten, des Verkehrsgewerbes aufgespalten, ein Auflösungsprozeß, der bis zur „Wissenschaft" von der Bürotechnik (Bürowirtschaftslehre) geht. Man mag berufspädagogisch eine Stoffauswahl unter besonderer Betonung der verfahrenstechnischen Seite nach Berufszweigen für notwendig erachten. Für das Fach besteht die Gefahr der Verflachung, des Rückfalles in ein diffuses Stoffwissen. Der Spezialist sieht weder das Ganze in den Teilen noch die Beziehung der Teile untereinander. Er spinnt sich in eine Einzelheit ein, verengt sein Blickfeld, er schaut zwar in die Tiefe, verfeinert die Analyse der Vorgänge, kommt aber über die Sammlung und Beschreibung von Tatsachen zu keiner weitschauenden Synthese. Die Überschau des Ganzen, des Wesentlichen und des Zufälligen, des Gesetzmäßigen und des Einmaligen ist ihm versagt.

Die Atomisierung unseres Faches, seine Auflösung in kleine und kleinste Teile verstärkt die Notwendigkeit der Konzentration in einer „allgemeinen" (Betriebs- und Privat-)Wirtschaftslehre, die, in der Fachsprache vereinheitlicht, aus den wirtschaftlichen Erscheinungsformen das Typische und Grundsätzliche herausstellt. Die Spezialisierung ist für die Forschung unentbehrlich, für Lehre und Fortbildung kann sie verhängnisvoll werden. Der Sinn für die Totalität des Wirtschaftslebens, die berufliche Umstellungsmöglichkeit, das Grundlegende der Berufsbildung geht verloren, wenn man die kurze Ausbildungszeit in einen schablonisierten Ausbildungsgang zwängt[22]).

Die Auswahl und Zusammenstellung des Lehrstoffes nach Erwerbszweigen findet ein Gegenstück in neueren Bestrebungen (von Schmalenbach angeregt), eine Prüfung für „Betriebswirte" mit einer Speziali-

[22]) Vgl. E. Spranger, Die Verschulung Deutschlands; in „Die Erziehung", Monatsschrift, bei Quelle und Meyer, Leipzig 1930.

sierung des Prüfungsstoffes nach den vom Prüfling erstrebten Funktionen im Erwerbsleben zu schaffen. Es soll für Organisatoren, Revisoren, Treuhänder, Reklamefachleute, Rechnungsführer, Kalkulatoren u. ä. der berufsnotwendige Lehrstoff (in Lehr- und Studienplänen) zusammengetragen und geprüft werden. Die hochschulpädagogische Seite interessiert uns hier nicht. Wenn man Elemente „kombiniert", ist die Zahl der Zusammenstellungen von der Zahl der Elemente und durch die mathematischen Gesetze der Kombinationslehre bestimmt. Löst man die Privatwirtschaftslehre in ihre Teilgebiete auf, lassen sich die Teile in beliebiger Verbindung zu einem prüfungstechnisch oder funktional bestimmten Zweckgebilde gestalten. Mit Wissenschaft haben solche Zusammenstellungen nichts mehr zu tun.

IV.

Rezeption.

Schumacher berichtet[23]) über den Einbruch des nordamerikanischen Rationalisierungsgedankens und der Konjunkturlehre in die deutsche Staatswirtschaftslehre; „der Mangel in der Kontinuität unseres Auslandswissens läßt, in Verbindung mit der Sucht nach Neuem, eine sensationsfrohe Entdeckerlust entstehen". Eine gleichartige Erscheinung läßt sich für unser Fach feststellen: ein Eindringen und eine Überflutung mit geistigem Auslandskapital — eine Ideeninvasion, die zeitlich ungefähr mit dem Dollareinbruch in die deutsche Volkswirtschaft zusammenfällt — in Übersetzungen (zum Teil schlecht ausgewählter Originale) und im nachschreibenden Schrifttum. Begriffe, Untersuchungsmethoden und Vorstellungen einer der deutschen Wirtschaftsorganisation wesensunähnlichen Betriebswirtschaft beherrschen das Schrifttum, ein buchhändlerischer und schriftstellerischer „Dienst am Schlagwort", ein betriebswirtschaftlicher „Journalismus" setzt ein, der der wissenschaftlichen Entwicklung nicht förderlich ist. Was die Amerikapilger „gestern gelernt, das wollen sie heute schon lehren". Die Geschwindschreiberei bringt eine Disproportionalität zwischen Menge des Schrifttums und neuer Erkenntnis mit sich, die man weder mit dem Hinweis auf ein dringliches Bedürfnis oder einen drängenden Bedarf der deutschen Wirtschaft nach zuverlässigen Methoden der Durchleuchtung, der Selbstkritik und der Verwirtschaftlichung des eigenen Betriebs noch mit der bedauerlichen Unkenntnis der vorhandenen Einrichtungen deutscher Betriebe und der bereits in der Vorkriegszeit vorgeleisteten Arbeit des deutschen Schrifttums entschuldigen kann. Das Distichon von Voß[24]) paßt vortrefflich auf viele Erzeugnisse der nordamerikanischen betriebswirtschaftlichen Massenproduktion:

Dein redseliges Buch lehrt mancherlei Neues und Wahres.
Wäre das Wahre nur neu, wäre das Neue nur wahr.

---

[23]) Staatswissenschaften; in der Festschrift: Aus fünfzig Jahren deutscher Wissenschaft, Berlin 1930, S. 154.

[24]) Auf mehrere Bücher, 1792, zitiert nach Büschmann.

Prüft man historisch den methodologischen Inhalt jenes Schrifttums, kann man mit Befriedigung eine Rückwanderung deutschen Kulturgutes im fremden Kleide feststellen. Die letzte Mode der deutschen Betriebswirtschaftslehre sind der Wirtschaftsplan und die Budgetkontrolle. Die Wirtschaftsplanung ist weder für die deutsche Landwirtschaft noch für gut organisierte deutsche Fabriken eine neue Offenbarung. Der Soll-Istvergleich, der der kameralistischen Ideenwelt entlehnt ist, is made in austria[25]). Die „Veranschlagung" für industrielle Unternehmungen erörtert bereits Gottschalk (Die Grundlagen des Rechnungswesens, Leipzig 1865, Seite 75—130). Einzel- und gruppenwirtschaftliche Betriebs-, Werk- und Kostenvergleiche sind in den deutschen Industrieverbänden seit langem bekannt; nur mengenmäßig wurde ihr Anwendungsgebiet mit der zunehmenden Bedeutung kollektivwirtschaftlicher Arbeit erweitert.

Die Konjunkturpsychose der deutschen Volkswirtschaftslehre hat auch auf die Privatwirtschaftslehre übergegriffen. Marktanalyse und Marktbeobachtung, Betriebsstatistik mit kunstvollen statistischen Zusammenstellungen und Kurven sind die große Mode geworden. Die kontenmäßige und die betriebsstatistische Auflösung der Unternehmungskosten, die Beobachtung ihres Ablaufes unter dem Einfluß des wechselnden Ausnutzungsgrades, deren literarische Behandlung einige Bände füllt, ist eine aus der Not der Zeit geborene wiederentdeckte Weisheit, die im deutschen Schrifttum bereits in den 80er Jahren des vorigen Jahrhunderts (Messerschmidt) erstmals, dann wiederum 1910 (bei Gumbel) auftaucht und in dem „Gesetz der Massenproduktion" (von Bücher, 1910) ihre wissenschaftliche Formulierung als Gesetzmäßigkeit einzelwirtschaftlichen Geschehens gefunden hat. Die Bedeutung des festen Anlagekapitals ist für die Volkswirtschaftslehre eine patinierte Erkenntnis von ehrwürdigem Alter. Die unhistorische Schulung und erstaunliche Lücken des allgemeinwirtschaftswissenschaftlichen Wissens der für „den Tag" Schreibenden (betriebswirtschaftliche Journalisten), die Unselbständigkeit des Denkens zeigen die widerstandslose und unkritische Rezeption der betrieblichen Auslandsliteratur. Die Gloriole wissenschaftlicher Gründlichkeit und umfassender Gelehrsamkeit steigt in demselben Maße, in dem ihre literarischen Quellen verschwiegen werden.

Zu dem Einbruch nordamerikanischen Schrifttums gesellt sich die Aufnahme mathematischer, insbesondere funktionalmathematischer, Methoden in die betriebswirtschaftliche Forschung, unter Anlehnung an die

---

[25]) Puechberg, Anleitung zu einem verbesserten Kameral-Rechnungsfuß, auf die Verwaltung einer Kameral-Herrschaft angewendet; Wien 1762; vgl. auch Löw, Theorie des Rechnungswesens, Berlin 1860.

Vorbilder der „mathematischen Schule" eines Cournot, Walras, Edgeworth, Pareto, Barone. Die Anwendung der höheren Mathematik auf die einzelwirtschaftliche Tatsachenforschung und Erkenntnis ist als methodisches Hilfsmittel entbehrlich. Verwickelte mathematische Darstellung einfacher betriebswirtschaftlicher Vorgänge wirkt wie ein schlechter Firnis, der nur notdürftig und nicht auf die Dauer die Grundsubstanz verdeckt. Die Elementarmathematik, insbesondere die Zinseszinsrechnung, ist für die Durchführung bestimmter Rechnungstechniken als technisches Hilfsmittel unentbehrlich (Finanzmathematik), als Aufputz und „wissenschaftliche" Umrahmung wirkt sie nur auf Laien.

Die jahrzehntelange rechnungstechnische und kritische Durchbildung des kaufmännischen Nachwuchses auf Fachhochschulen war für die Wirtschaftspraxis fruchtbringend. Die „Vergeistigung der Wirtschaftsführung"[26]) ist im Fortschreiten, ebenso die Mitarbeit der akademisch gebildeten Praktiker an betriebswissenschaftlichen Fragen. Die praktische Auswertung und Anwendung theoretischer Erkenntnisse führt zu Gestaltungen und Abwandlungen, die, vom Nebel des Geschäftsgeheimnisses umhüllt, der theoretischen Forschung unbekannt bleiben. Es werden von ihr Verfahrensweisen „erfunden", die man in kleineren Kreisen längst verwendet hat. Die wissenschaftliche Betriebswirtschaftslehre hat sich im Eilzugstempo entwickelt und von der Wirtschaftspraxis entfernt. Ich meine damit nicht die vereinzelten und ohne Widerhall gebliebenen Versuche einer „Vertheoretisierung". Die Fülle betriebswirtschaftlicher Erkenntnisse und die Schnelligkeit des Erkennens sind größer als das Tempo ihrer praktischen Verwertung, das Zeitmaß von Produktion und Konsumtion ist disharmonisch. Es scheint mir eine Lebensfrage der kaufmännischen Fachhochschulen zu sein, einen Modus zu finden, die Wirtschaftspraxis an die wirtschaftsfördernden Ergebnisse der Betriebswirtschaftslehre rascher heranzubringen: eine Rezeption der Theorie durch die Praxis. Es muß ein Bindeglied zwischen Wissenschaft und Wirtschaftsleben gesucht werden, das die Aufgabe übernimmt, der brauchbaren wissenschaftlichen Ausbeute einen Widerhall und eine Verwertung in der Wirtschaft zu sichern. Die epigonenhafte und übersteigerte Fruchtbarkeit des betriebswirtschaftlichen Schrifttums, eine Minderung der Auslesefähigkeit[27]) und des Qualitätsinteresses der Verleger, Herausgeber und Schriftleiter erschweren jene ideelle Verbindung und Verbundenheit. Arbeitsgemeinschaften von Theoretikern und Praktikern, Fortbildungsgelegenheiten, Institute und Forschungsstellen unter Mit-

[26]) Sombart, Das Wirtschaftsleben im Zeitalter des Hochkapitalismus, 2. Halbband, S. 884f.

[27]) Vgl. Schumacher, Staatswissenschaften, a. a. O. S. 157.

beteiligung der Interessenverbände könnten in dieser Richtung nützlich werden. Die Mitbeteiligung, ideelle oder materielle, ist hier als ein opferbereiter Dienst an der Allgemeinheit, die Institute sind nicht als refugium pecatorum gedacht.

Schumacher[28]) schreibt von der nordamerikanischen Wirtschaft, daß ein Enthusiasmus für Wissenschaft die Wirtschaft des Landes durchziehe. Für Deutschland läßt sich feststellen, daß das Wirtschaftsleben mit der Wirtschaftswissenschaft nur zögernd Fühlung nimmt, daß nur Ansätze einer Unterstützung unserer Wissenschaft vorhanden sind. Wie es bei uns üblich ist, einen Arzt erst in Krankheitsfällen zu rufen anstatt periodisch und vorbeugend eine Prüfung der Organe und ihrer Veränderungen durchführen zu lassen, so wenig ist es üblich, eine gesund scheinende Unternehmung abschnittweise mit betriebswirtschaftlichen Methoden prüfen zu lassen. Die Bücher- und Bilanzrevision allein reicht nicht aus.

---

[28]) Wissenschaft und Wirtschaft; in: Das akademische Deutschland, Berlin 1930, S. 549.

V.

Renaissance.

Für den Umbau und Neubau des Faches ergeben sich nach den bisherigen Erörterungen folgende Thesen:

1. Synthese der Betriebs- und der Privatwirtschaftslehre in einer einheitlichen allgemeinen Wirtschaftslehre der Erwerbswirtschaften. Weniger Beschreibung der Erscheinungen, vielmehr Ordnen, weniger Spezialisierung und Auflösung in Teiltechniken und Teillehren, sondern ein Hinstreben zur Allgemeingültigkeit, zur Zusammenfassung des vielgliedrigen Ganzen des einzelwirtschaftlichen Geschehens. Statt des Individuellen, Einmaligen, das Generelle. Weniger Technik, mehr Erkenntnis.

Unsere Wirtschaft entwickelt sich von der freien Konkurrenz- über die korporative zur gebundenen Wirtschaft, vom Individualismus zum privatwirtschaftlichen Kollektivismus. Das Betätigungsfeld für Spekulation und Konstruktion wird enger, die eigenen schöpferischen Ideen in der Wirtschaftsführung werden seltener. Die Groß- und Riesenunternehmungen, unterteilt in Mammutbetriebe, werden mehr und mehr Verwaltungswirtschaften, die Unternehmerfunktionen werden verbeamtet, die Wirtschaftsführung wird vergeistigt. Damit ist der „Verwissenschaftlichung", der Anwendung wissenschaftlicher Methoden für die Zwecke der Wirtschaftsführung ein aufnahmefähiger Boden bereitet. Betriebs- und Privatwirtschaftslehre entwickeln sich mehr und mehr zu einer Verwaltungslehre.

2. Zerschlagung der Autarkie, an Stelle der Ausgliederung wieder eine Eingliederung in die tauschwirtschaftlichen Vorgänge, deren Grundlagen Verträge und die Märkte sind. „Immer strebe zum Ganzen." Wirtschaften ist ein organisiertes Handeln, gesellschaftlich bedingt. Das Soziale ist das Verbindende der Tätigkeit der Wirtschaftssubjekte, eine autarke Wirtschaftseinheit ist eine Fiktion. Die Marktleistungen stehen im Dienste der Bedarfsdeckung; die Wertung ihrer gruppen- und sozialwirtschaftlichen Zweckmäßigkeit, ihre gesellschaftliche Teleologie, ihre gliedhafte Zweckmäßigkeit, bezogen auf das

Ganze, die notwendige oder überflüssige Einordnung in die Gesellschaftsordnung und in die volkswirtschaftliche Organisation müssen auch mit einzelwirtschaftlichen Methoden untersucht werden. Eine solche Ausweitung führt zu einer Überschneidung mit sozialökonomischer und volkswirtschaftlicher Betrachtungsweise und zu einer mir notwendig erscheinenden Einschmelzung der Privatwirtschaftslehre in eine „Gesamtlehre von der Wirtschaft", wie sie neuerdings von Sombart[29]) und vor ihm von anderen[30]) wiederholt gefordert wurde. Das Rechnungswesen wäre in dieser Gesamtlehre nur methodologisches Hilfsmittel. Die Privatwirtschaftslehre bliebe als „Unterganzheit" mit eigenen „Prinzipien der Stoffauswahl" bestehen, als Teil eines Ganzen, größer, gegliederter und befruchtender als zur Zeit ihrer Abspaltung.

Von Adam Smith und Thünen bis zur neuzeitlichen wirtschaftswissenschaftlichen Literatur Nordamerikas baute man gesamtwirtschaftliche Forschungen auf einer sorgfältigen Analyse privatwirtschaftlicher Vorgänge und Techniken, auf Empirie und Statistik auf: die Antwort auf das sinnvolle Warum wird durch ein Studium der betrieblichen Mechanik der Wirtschaft vorbereitet. Manche sozialökonomischen und volkswirtschaftlichen Erscheinungen, mit einzelwirtschaftlichen Methoden untersucht, würden aus der Sphäre parteipolitischer und ständischer Verurteilung in das Feld sachlicher Würdigung verschoben. Um so unverständlicher ist, daß die betriebswirtschaftliche Forschung das sozialökonomische Schrifttum negiert.

Die autonome Betriebswirtschaftslehre mit ihrer Übersteigerung der innenbetrieblichen Kostenlehre bleibt, so fürchte ich, eine zeitbedingte Episode. Mit der Eingliederung der einzelwirtschaftlichen Kunstlehre in die Sozialökonomik und Volkswirtschaftslehre könnte eine Epoche des wirtschaftswissenschaftlichen Lehrgebäudes eingeleitet werden.

Die einzelwirtschaftliche Verursachung von saisonalen und konjunkturellen Schwankungen, die Bildung der Märkte, die Beziehungen zwischen Betriebsgröße und Preisbildung, die Tatsachen der Steuerüberwälzung, die einzelwirtschaftliche Auswirkungen der Handels-, Zoll- und Steuerpolitik sind, beispielhaft, wirtschaftliche Erscheinungen, die mit den Forschungsmethoden der Privatwirtschaftslehre und der verfahrenstechnischen Betriebswirtschaftslehre im volkswirtschaftlichen Interesse nachgeprüft werden können. Der verschwommene Wertbegriff — eine

---

[29]) Die drei Nationalökonomien, S. 293f.

[30]) J. B. Emminghaus, Allgemeine Gewerkslehre, Berlin 1868; E. Herrmann, Prinzipien der Wirtschaft, Wien 1873.

berechenbare und meßbare Quantität — löst sich auf in Preise und Kosten. Für den Betrieb ist der Wert gleich bezahlter Preis für hereingenommene Güter und Leistungen (Kostengüter), für die Unternehmung ist der Wert der erzielte Preis für Marktleistungen (Leistungsgüter). Die einzelbetriebliche Preisbildung ist theoretisch und methodologisch durchforscht, der horizontale gruppenwirtschaftliche Kostenvergleich ist und wird organisiert. Die Allgemeinheit verlangt Einsicht in die vertikale Kosten-, Preis- und Kapital-Neubildung vom Produzenten über den Verteilungsweg oder Verteilungsumweg bis zum Verbraucher. Wir brauchen Untersuchungen von Preisreihen, weil man glaubt, daß die Handelsspanne des Einzel- und des Großhandels, die Gewinnspanne des Erzeugers unter den heutigen wirtschaftlichen Verhältnissen zu groß ist. Wir glauben, daß das Lohnproblem nur durch eine objektive sachkundige Nachprüfung betrieblicher und nachrechenbarer Tatsachen lösbar ist, daß die wirtschaftlichen Crux weniger bei den Fertigungslöhnen, vielmehr bei den Unkosten aller Arten liegt.

3. Breite und Tiefe der wirtschaftswissenschaftlichen Erkenntnis werden gefördert durch die Erforschung der nichtwirtschaftlichen, nicht meßbaren Erscheinungen, die auch im Verkehr der Wirtschaftseinheiten wirksam werden. Nicht meßbar und unberechenbar sind die „Triebe"[31]) und Beweggründe des einzelwirtschaftlichen und des kollektiven Handelns der Wirtschaftsmenschen. Objekt und Erfolge des Wirtschaftens, eines vernünftigen Verhaltens des Menschen gegenüber den Objekten, sind meßbare Größen, „Motive" können nur vermutet werden. Die individuellen Triebe wirtschaftlicher Handlungen großen Formats — die Zwangläufigkeit der alltäglichen interessiert nicht — sind weniger bedeutsam als die korporativen Triebe, die sozialpsychologisch erklärbaren, soweit sie sich in der Tauschgesellschaft oder in der Wirtschaft einer Volksgemeinschaft auswirken.

Begrifflich ist eine Betriebssoziologie[32]) denkbar; ihr Forschungsgebiet würde die menschlichen Beziehungen der Angehörigen eines Betriebes untereinander, als Individuen und als Masse, die persönliche menschliche Seite des Arbeitnehmers sein.

4. Wir fordern von der jugendhaften Betriebswirtschaftslehre, daß sie sich mehr als bisher in den Dienst der Allgemeinheit stellt, weniger in den Dienst des Betriebes, der Unternehmung und der Ver-

---

[31]) Vgl. Vierkandt, Gesellschaftslehre, 2. Aufl., Stuttgart 1928, 1. Kapitel.

[32]) Soziologie wird hier als eine Beziehungslehre von Mensch zum Menschen und zu gesellschaftlichen Erscheinungsformen aufgefaßt.

bände. Die 1930/31 aktuelle Frage des Lohn- und Preisabbaus, ihre Möglichkeiten und Grenzen, der Leistungsvergleich der privatwirtschaftlichen mit den (entpolitisierten und steuerlich nicht begünstigten) öffentlichen Wirtschaftsbetrieben läßt sich mit einzelwirtschaftlichen Methoden einer sachkundigen Beurteilung näher bringen.

FSC
www.fsc.org
MIX
Papier | Fördert gute Waldnutzung
FSC® C083411

Kolibri 360 GmbH
Ferdinand-Jühlke-Straße 7
99095 Erfurt, Deutschland
produktsicherheit@kolibri360.de